奇妙的 动植物世界｜生物百科

会发电的生物

王 建 编著

U0274156

中州古籍出版社

图书在版编目(CIP)数据

会发电的生物 / 王建编著. —郑州：中州古籍出版社, 2016.2
ISBN 978-7-5348-5950-2

Ⅰ.①会… Ⅱ.①王… Ⅲ.①鱼类–普及读物 Ⅳ.①Q959.7–49

中国版本图书馆 CIP 数据核字(2016)第 037035 号

策划编辑：吴　浩
责任编辑：翟　楠　唐志辉
装帧设计：严　潇
图片提供：fotolia
出版社：中州古籍出版社
　　　　（地址：郑州市经五路 66 号　电话：0371—65788808　65788179
　　　　邮政编码：450002）
发行单位：新华书店
承印单位：河北鹏润印刷有限公司
开本：710mm×1000mm　　　　1/16
印张：7.75　　　　　　字数：99 千字
版次：2016 年 5 月第 1 版　　印次：2017 年 7 月第 2 次印刷

定价：27.00 元

前 言 PREFACE

广袤太空，神秘莫测；大千世界，无奇不有；人类历史，纷繁复杂；个体生命，奥妙无穷。我们所生活的地球是一个灿烂的生物世界。小到显微镜下才能看到的微生物，大到遨游于碧海的巨鲸，它们都过着丰富多彩的生活，展示了引人入胜的生命图景。

生物又称生命体、有机体，是有生命的个体。生物最重要和最基本的特征是能够进行新陈代谢及遗传。生物不仅能够进行合成代谢与分解代谢这两个相反的过程，而且可以进行繁殖，这是生命现象的基础所在。自然界是由生物和非生物的物质和能量组成的。无生命的物质和能量叫做非生物，而是否有新陈代谢是生物与非生物最本质的区别。地球上的植物约有50多万种，动物约有150多万种。多种多样的生物不仅维持了自然界的持续发展，而且构成了人类赖以生存和发展的基本条件。但是，现存的动植物种类与数量急剧减少，只有历史峰值的十分之一左右。这迫切需要我们行动起来，竭尽所能保护现有的生物物种，使我们的共同家园更美好。

　　本书以新颖的版式设计、图文并茂的编排形式和流畅有趣的语言叙述，全方位、多角度地探究了多领域的生物，使青少年体验到不一样的阅读感受和揭秘快感，为青少年展示出更广阔的认知视野和想象空间，满足其探求真相的好奇心，使其在获得宝贵知识的同时享受到愉悦的精神体验。

　　生命正是经过不断演化、繁衍、灭绝与复苏的循环，才形成了今天这样千姿百态、繁花似锦的生物界。人的生命和大自然息息相关，就让我们随着这套书走进多姿多彩的大自然，了解各种生物的奥秘，从而踏上探索生物的旅程吧！

目　录 CONTENTS

第二章 水中发电王——电鳗 / 029

目

录

第一章
生有发电器的电鳐

电鳐是鳐鱼的一种，与鲨鱼同属软骨鱼类。电鳐会放电是由于它具有发电器。电鳐的发电器位于身体两侧，由许多六角形的柱状管构成，管内贮有无色的胶状物。管中还被分成了许多小间隔，每个间隔内有一个扁的电板。

神奇的电鳐

电鳐,是双鳍电鳐科 (Torpedinidae)、单鳍电鳐科 (Narkidae)、无鳍电鳐科 (Temeridae) 鱼类的统称,以能发电伤人而闻名。它普遍见于世界热、温带水域。电鳐种类多,

多栖於浅水，但深海电鳐属（Benthobatis）电鳐等可生活于1，000米以下的深水。活动缓慢，底栖，以鱼类及无脊椎动物为食。如不被触及则对人无害，经济价值微不足道。电鳐长约0.3～2米。体柔软，皮肤光滑，头与胸鳍形成圆或近于圆形的体盘。发电器一对，由变态的肌肉组织构成，位于体盘内头部两侧，能发电，用于防御敌人和捕获猎物。大型电鳐发出的电流足以击倒成人。古希腊人及罗马人用黑电鳐（Torpedo nobiliana）的电击治疗痛风、头痛等疾病。

腮肌的新功能

软骨鱼纲电鳐目是板腮类鱼的一个目，此目的鱼腮裂和口都在腹位，有五个腮裂，身体平扁卵圆形，吻不突出，臀鳍消失，尾鳍很小，胸鳍宽大，胸鳍前缘和体侧相连接。在胸鳍和头之间的身体两侧各有一个大的发电器官，能发电，以

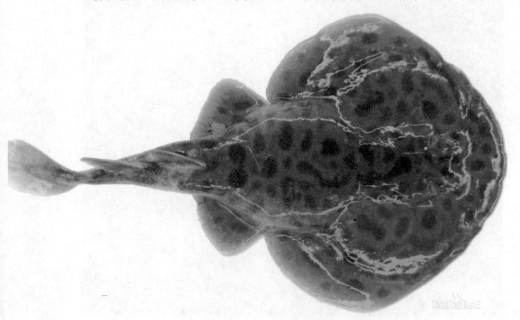

电击敌人或猎物。卵胎生，分布在热带和亚热带近海，经常半埋在泥沙中等待猎物，一般体形较小，没有食用价值。电鳐可根据背鳍的多少，分为三科：双鳍鳐鱼科（Torpedinidae），单鳍鳐鱼科（Narkidae），无鳍鳐鱼科（Temeridae）。

　　电鳐最大的个体可以达到2米，很少在0.3米以下。背腹扁平，头和胸部在一起。尾部呈粗棒状，像团扇。电鳐栖居在海底，一对小眼长在背侧面前方的中间。在头胸部的腹面两侧各有一个肾脏形蜂窝状的发电器。它们排列成六角柱体，被称为"电板柱"。电鳐身上共有2000个"电板柱"，有200万块"电板"。这些电板之间充满胶质状的物质，可以起绝缘作

用。每个"电板"的表面分布有神经末梢，一面为负电极，另一面则为正电极。电流的方向是从正极流到负极，也就是从电鳐的背面流到腹面。在神经脉冲的作用下，这两个放电器就能把神经能变为电能，放出电来。单个"电板"产生的电压很微弱，可是，由于数量很多，就能发出很强的电压来。电鳐的每一个"电板"，只是肌纤维的变态。发电器官是从某些鳃肌演变而来的。在演变发生过程中，这些腮肌解除了原来的职能，而承担了新的作用——发电。

海中的医生

　　电鳐发电器最主要的枢纽，是器官的神经部分。电鳐能随意放电。放电时间和强度，它完全能够自己掌握。电鳐可以发电，并靠发出的电流击毙水中的小鱼、虾及其他的小动物。发电是电鳐的一种捕食和打击敌害的手段。

　　电鳐可以放出50安培的电流，电压达60～80伏，有海中

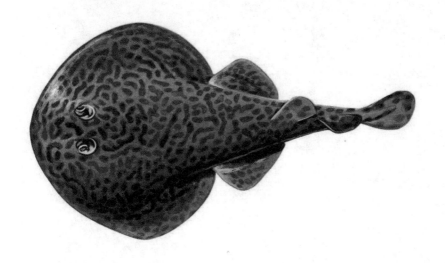

"活电站"之称。电鳐每秒钟能放电50次，但连续放电后，电流逐渐减弱，10～15秒钟后完全消失，需要休息一会后才能重新恢复放电能力。

电鳐的放电特性启发人们发明和创造了能贮存电的电池。人们日常生活中所用的干电池，在正负极间的糊状填充物，就是受电鳐发电器里的胶状物启发而改进的。

早在古希腊和罗马时代，医生们常常把病人放到电鳐身上，或者让病人去碰一下正在池中放电的电鳐，利用电鳐放

电来治疗风湿症和癫狂症等病。就是到了今天，在法国和意大利沿海，有时还能看到一些患有风湿病的老年人，正在退潮后的海滩上寻找电鳐。因此，电鳐也被称作"海中的医生"。

水中的活发电机

电鳐为什么会放电

1989年，在法国科学城举办了一次饶有趣味的"时钟"回顾展览。一座用带电鱼放出的电来驱动的时钟，引起了人们极大的兴趣。这种带电鱼放电十分有规律，电流的方向一分钟变换一次，因而被人称为"天然报时钟"。常见的带电鱼有电鳗、电鳐、电鲶等。其中电鳐的电力仅次于电鳗，属于

放电鱼中第二强。它放电电压最高可达200伏，足以把附近的鱼电死，人和牲畜碰上，全身也会麻痹。据计算，1万条电鳐的电能聚集在一起，足够使1列电力机车运行几分钟。

电鳐是怎样放电的

原来，电鳐是活的"发电机"。它尾部两侧的肌肉，是由有规则地排列着的6000～10000枚肌肉薄片组成，薄片之间有结缔组织相隔，并有许多神经直通中枢神经系统。每枚肌肉

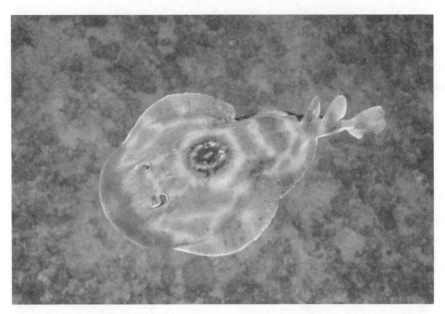

薄片像一个小电池，只能产生150毫伏的电压，但近万个"小电池"串联起来，就可以产生很高的电压。

电鳐尾部发出的电流，流向头部的感受器，因此在它身体周围形成一个弱电场。电鳐中枢神经系统中有专门的细胞来监视电感受器的活动，并能根据监视分析的结果指挥电鳐的行为，决定采取捕食行为、避让行为或其他行为。有人做过

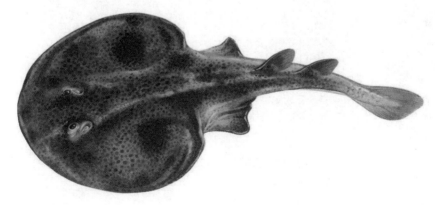

这么一个实验：在水池中放置两根垂直的导线，放入电鳐，并将水池放在黑暗的环境里，结果发现电鳐总在导线中间穿梭，一点儿也不会碰导线；当导线通电后，电鳐一下子就往后跑了。这说明电鳐是靠"电感"来判断周围环境的。

电鳐放完体内蓄存的电能后，要经过一段时间的积聚，才能继续放电。由此，巴西人捕获电鳐时，总是先把家畜赶到河里，引诱电鳐放电，或者用拖网拖，让电鳐在网上放电，之后再轻而易举地捕杀失去反击能力的电鳐。

超强吸尘器

电鳐这个新品种是已知最大的电鳐家族单鳍电鳐科的成员，它的属名非常与众不同且很有趣。科学家拍摄的电鳐觅食录像中显示，这种鱼可在水中像吸尘器一样捕食猎物，或许能跟用来吸取地毯、家具和其他容易落灰尘的现代家居用品表面的杂物的电动吸尘器相媲美。因此科学家按照伊莱克斯（Electrolux）真空吸尘器的名字给它命名。

了解电鳐目

电鳐目是软骨鱼纲板腮类鱼的一个目。

电鳐目头侧与胸鳍间具一很发达的卵圆形发电器官，由鳃节肌细胞分化集迭而成。产自大西洋的两种电鳐发电器官占

体重1/6。发电的电位低者8~17伏，高者达220伏，足够麻痹一个成人。眼小，少数深海种类眼退化。鼻孔近口但与口完全分开，前鼻瓣后缘连合为一很宽的口盖。口小或中大。鳃孔小。眶前软骨扩大，分成多枝，向前伸达吻端。吻软骨1~2个，前部分枝。背鳍及尾鳍端部具角质鳍条；胸鳍与腹鳍的端部无角质鳍条。体柔软，一般光滑。最大个体长可达1~2

米，重90千克左右；单鳍电鳐属体长小于0.3米。卵胎生。行动缓慢，底栖，常将身体埋在泥沙中，大多生活在潮间带。深海电鳐属栖息深海中。电鳐类广布于热带和温带各海区。肉松软，经济价值不大。

东京电鳐

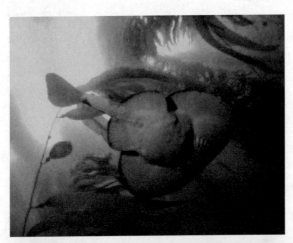

东京电鳐为电鳐科电鳐属的鱼类，分布于日本附近的温带海域。该物种的模式产地在日本相模湾，居于温带海洋水底，卵胎生。体盘亚圆形，最宽处近于体盘中部，体盘长稍大于全长1/2。吻短而宽，前端广圆，吻长约为体盘宽1/8。尾基宽扁，向

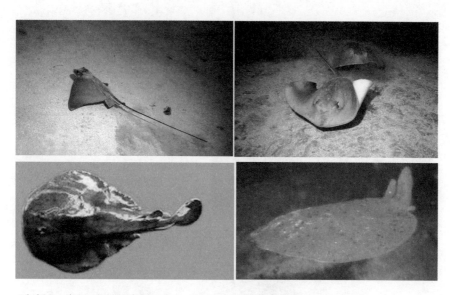

后渐细小，侧褶尚发达，尾长短于体盘长。

东京电鳐全长为体盘宽的1.5～1.6倍，为体盘长的1.9～2.0倍；吻长为眼径3.5～4.7倍，为眼间隔1.9～3倍。头长为吻长3.7倍。喷水孔大，边缘光滑，在眼后，约与眼径等大或略大。口前吻长与眼前吻长约等或稍大，与口宽约等或略小。第五鳃孔间距约为第三鳃孔宽的5～6倍。鼻孔小，离口颇近，其长短于鼻间距，前鼻瓣后缘连合为一宽口盖，伸达上颌，中间深凹，后

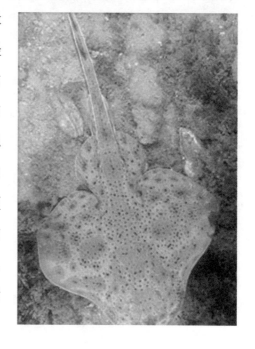

鼻瓣前部具1半环形薄膜，后部宽大，转入于口隅上方。口较小，平横，口前有1深沟，上下颌能向下突出；唇软厚，由口隅伸达上下齿面外侧，牙带翻出，牙细小而尖，基部宽扁，铺石状排列，成体上颌约40纵行，下颌约30纵行。

胸鳍狭长，前鳍软骨只伸达鼻孔的水平线处。腹鳍宽大，前角和后角圆形，里缘清楚，不连于尾的腹面皮上，雄体鳍脚平扁管状，后端圆钝。背鳍2个，大小明显不等，第一背鳍约为第二背鳍3倍，两背鳍前缘、后缘、里缘都分明，上下角均圆形，第一背鳍起点位于腹鳍终点之前，其基底长约为第二背鳍基底长2倍。尾鳍宽大，帚形，高度大于长度，边角钝圆。

"电鳐"攻击快艇的历史资料

在佛库塔动乱中，数百名苏联武装工兵和船匠因反对苏联继续研究此项特斯拉武器而遭到围捕和严厉判决。而"电鳐"级攻击快艇——首个试验在海军上装备电磁线圈枪的武器平台——仍然在随后数年间投入全面生产。负责包括本武器在内的所有特斯拉线圈及派生产品的苏联实验

科学部一直在对它的设计进行修正和改良，通过日常采集电鳐的性能数据不断地增强着它的战斗能力。该部担保说，当前这款型号的攻击快艇是有史以来最安全、最有效的。

"电鳐"级攻击快艇是苏联最轻、最快、机动性最强的特斯拉武器平台，是众多失败改型之一。它最初诞生于思想古怪的莫斯科工程师罗曼·格罗萨维茨——同时也是今日特斯拉装甲兵们使用的便携电容的发明人——决定在他的私人快艇上安装一对特斯拉线圈以方便他频繁出海时钓鱼。他想，这

对特斯拉线圈不仅可以高效捕鱼，而且只要他乐意还能顺便直接把它们烤成鱼块。他的奇思妙想终于演变成了现实，格罗萨维茨不眠不休地在他的快艇上改装橡胶绝缘外壳和高效轻便供电设备。虽然这活儿让他人老了、钱没了、老婆也跑了，但却引来了苏

联实验科学部的注意并把他收为部下。因其"在致命电击科学领域的勇敢……创新探索"，向他提供津贴和住宿。没过多久，苏联就开始制造之前被认为是不可能、至少是愚蠢的东西：可以把鱼群和多得多的东西打成基本粒子的电流武器快艇。时至今日，依然有一些人认为老格罗萨维茨是发掘出尼科拉·特斯拉毕生心血中某方面真正破坏潜力的英雄。

　　由于该船设计内在的危险性，苏联大量招募了那些籍籍无名的科学家来操作它们，并向其中成功地完成任期者提供表面丰厚的报酬和在《实验科学部周刊》上报的机会。

　　虽然这种快艇曾经只局限于海上使用，但最新型的电鳐快艇配备了可折叠的行走机构之后，便能走上陆地。在苏联学会制造装备绝缘外壳和特斯拉武器的快速攻击舰艇之后，实

027

验科学部又非常激动地探索出了原设计的多种改良方案。经过这些年，唯一成功的是可折叠的行走机构设计。该系统就像是昆虫的六足，使该艇走上陆地和越过各种崎岖障碍，很像"镰刀"保安车辆。陆上行走的需要来自于敌人发现了对付"电鳐"快艇突袭的最佳方式。敌人利用"电鳐"的射程短和装甲轻的缺点，远远地躲在陆地上反击。而新型电鳐能冲上海岸，敌人在陆地上也就不再安全。

第二章
水中发电王——电鳗

电鳗能产生足以将人击昏的电流。电鳗不是真正的鳗类，而与鲤形目的脂鲤类近缘，属电鳗亚目裸背电鳗科电鳗属。电鳗行动迟缓，栖息于缓流的淡水水体中，并不时上浮水面，吞入空气，进行呼吸。电鳗尾部具有发电器，来源于肌肉组织，并受脊神经支配。能随意发出电压高达650伏特的电流，所发电流主要用以麻痹鱼类等猎物。

水中高压线

电鳗是裸背电鳗科的鳗形鱼类，能产生足以将人击昏的电流。电鳗行动迟缓，栖息于缓流的淡水水体中，并不时上浮水面，吞入空气，进行呼吸。

　　生活在南美洲亚马逊河和奥里诺科河的电鳗，外形细长，极似鳗鲡。它身长2米左右，体重达20千克，体表光滑无鳞，

背部黑色，腹部橙黄色，没有背鳍和腹鳍，臀鳍特别长，是主要的游泳器官。电鳗是鱼类中放电能力最强的淡水鱼类，它输出的电压有300伏，有的甚至可达800伏，足以致命。常有人触及电鳗放出的电而被击昏，甚至因此跌入水中而被淹死。因此电鳗有水中的"高压线"之称。电鳗的背鳍、尾鳍退化，但尾占鱼体全长近4/5，其下缘有一长形臀鳍，依靠臀鳍的波动而游动。尾部具发电器，来源于肌肉组织支配。电

鳗有两对发电器，形状为长梭形，位于尾部脊髓两侧。

电鳗发电是一种捕食和打击敌害的手段，有时也是一种生理需要。它所释放的电量，能够轻而易举地把比它小的动物电死，有时还会击毙比它大的动物。正在河里涉水的马和游泳的牛也会被电鳗击昏。

电鳗肉味鲜美，富有营养。虽然它能释放出强大的电流，但南美洲土著居民自有办法捕捉电鳗。他们利用电鳗连续不断放电后，需要一段时间休息和补充丰富的食物，才能恢复

原有放电强度的特点，先将一群牛马赶下河去，使电鳗被激

怒而不断放电。待电鳗放完电精疲力尽时，他们就可以直接

捕捉了。

电鳗是如何发电的

电鳗外形特征为圆柱形，无鳞，灰褐色。背鳍、尾鳍退化，但有占鱼体全长近4/5的尾。其下缘有一长形臀鳍，依

靠臀鳍的波动而游动。尾部具发电器，来源于肌肉组织，并受脊神经支配。所发电流主要用以麻痹鱼类等猎物。

电鳗是鱼类中放电能力最强的淡水鱼类，输出的电压300~800伏，因此电鳗有水中的"高压线"之称。

电鳗发电器的基本构造与电鳐类似，也是由许多电板组成的。它的发电器分布在身体两侧的肌肉内，身体的尾端为正极，头部为负极，电流是从尾部流向头部。

　　当电鳗的头和尾触及敌体，或受到刺激影响时即可发出强大的电流。

生活习性

电鳗是一种降河性洄游鱼类，原产于海中，溯河到淡水内长大，然后回到海中产卵。每年春季，大批幼电鳗成群自大海进入江河口。雄电鳗通常就在江河口成长；而雌电鳗则逆

水上溯进入江河的干支流和与江河相通的湖泊，有的甚至跋涉几千公里到达江河的上游。它们在江河湖泊中生长、发育，往往昼伏夜出，喜欢流水、弱光、穴居，具有很强的溯水能力，其潜逃能力也很强。到达性成熟年龄的个体，在秋季又大批降河，游至江河口与雄电鳗会合后，继续游至海洋中进行繁殖。据推测其产卵场在北纬30度以南和中国台湾的东南海域附近，水深400～500米，水温16℃～17℃，含盐量30‰以上的海水中。1次性产卵，1尾雌电鳗1次可产卵700～1000万粒。卵小，直径1毫米左右，浮性，10天内可孵化。孵化后的仔鱼逐渐上升到水表层，以后被海流漂向中国、朝鲜、日本沿岸。冬春仔鱼在近岸处变为白苗，并随着色素的增加而变为黑苗。开始溯河时为白苗，到溯河后期则以黑苗为主，

混杂少量白苗。电鳗的性腺在淡水中不能很好地发育，更不能在淡水中繁殖。雌电鳗的性腺发育是在降河洄游入海之后才得以完成。

电鳗常在夜间捕食，食谱中有小鱼、蟹、虾、甲壳动物和水生昆虫，也有动物腐败尸体。科学家还在部分个体的食物中发现有高等植物碎屑。电鳗的摄食强度及生长速度随水温升高而增强，一般以春、夏两季为最高。

发电器的基本构造

电鳗为什么电不着自己？因为，电鳗内部有许多所谓的生物电池串联及并联在一起。虽然电鳗的头尾电位差可以高达

750伏，但是因为生物电池的并联（一共约140行左右）把电流分散掉，所以实际上，通过每行的电流跟它电鱼时所放出的电流差了两个数量级，相比之下小得多，所以它才不会在电鱼时，把自己也给电死。

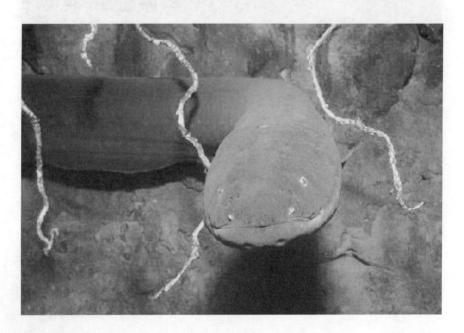

电鳗体内有一些细胞就像小型的叠层电池，当它被神经信号所激励时，能陡然使离子流通过它的细胞膜。电鳗体内从头到尾都有这样的细胞，就像许多叠在一起的叠层电池。当产生电流时，所有这些电池（每个电池电压约

15伏）都串联起来，这样在电鳗的头和尾之间就产生了很高的电压。许多这样的电池组又并联起来，这样就能在体外产生足够大的电流。用这些电流足以将它的猎物或天敌击晕或击毙。在淡水里电鱼需要更多的电池串联在一起，因为淡水的电阻较大，产生同样的电流需要更高的电压。

电鳗的放电器官在身体的两侧，而且它大部分的身体或重要的器官都由绝缘性很高的构造包住，在水中就像是一个大电池。我们知道电流会由电阻最小的通路经过，所以在水中放电时，电流会经由水（电阻比电鳗身体小）传递，电鳗并不会电到自己。但如果电鳗被抓到空气中，因空气的电阻比

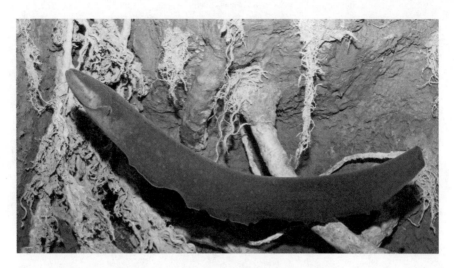

它身体的电阻更大，放电的话就会电到自己了。另外，如果电鳗受伤使两侧的绝缘体同时破损的话，放电时就会像两条裸露的电线一样发生短路的现象。

线翎电鳗

线翎电鳗名"黑魔鬼"。全身漆黑如墨，体形侧扁，背部光滑呈弧线形，腹鳍和臀鳍相连，呈波浪状直达尾部，似一条黑色花边勾勒出鱼的曲线图。头尖，尾鳍延长似棒状，尾

鳍有两个白色环。靠体内的弱电流来感觉水流、障碍物和食物等，造型奇特。

线翎电鳗属裸背电鳗科，与我们平时说的"刀鱼"，也就是七星刀等弓背鱼科的鱼是不同科属。"黑魔鬼"原产地是南美洲的巴西，它性格温和，但有攻击性。"黑魔鬼"的身体呈刀形，全身漆黑如墨，幼鱼时期在尾鳍上有两块白色斑点，但会随着生长而退化消失。

同种的另一咖啡色的品种，称为"咖啡魔鬼鱼"。它体形侧扁，背部光滑呈弧线形，没有背鳍。臀鳍宽大而发达，与腹鳍相连，呈波浪状直达尾部。尾鳍则成棒状。

　　"黑魔鬼"原产南美洲的亚马逊河流域，属大型鱼，成鱼体长45～50厘米，最长可达60厘米。体色是令人不愉快的黑色，尾柄突出如棒状，身体呈刀形，侧扁，没有背鳍，臀鳍宽大而发达。"黑魔鬼"的游泳方式是依靠长长的尾鳍的波浪状摆动而前进后退，有时是直立而游，有时会横卧而睡。它的眼睛已退化，几乎看不见东西，只能感觉到明暗，但是身体会发出类似雷达功能的微弱电流，并依靠它来"看清"周围环境。"黑魔鬼"适宜水温为23℃～27℃，对水质较为敏感，喜好弱酸性的软水，适宜酸碱度：pH6.5～7.2，适宜硬度（dGH）：4°N～12°N。它们体格极其强健，很少会得病。"黑魔鬼"喜欢摄食动物性的活饵，饵料有水蚯蚓、红虫等，也十分容易接受各种人工饵料。它有着一个凶悍的名字，却

习性温和，可以和绝大多数的热带鱼混合饲养。但成鱼会吃小鱼，需特别注意。

　　"黑魔鬼"是卵生活食性热带鱼，喜欢黑暗的环境，适合在水草密植的水族箱中生长，长成成鱼后最好单养。"黑魔鬼"，这个名字更多的只是表示它的神秘特性。"黑魔鬼"喜欢夜行性生活，大多数时候，它们躲藏在密植的水草丛、岩石、沉木的缝隙等幽暗环境里，除了饲养者本人，其他人不太会留意到它们在水族箱中的存在，当它们在白天偶尔竖立游动着滑过水族箱的时候，宛若一个突然出现的黑色幽灵。"黑魔鬼"的眼睛已经退化，却依然能够凭着自身发出一种特殊的微弱电流以及灵敏的嗅觉，借助宽大的臀鳍和桨翼一般的尾鳍在水族箱中异常灵敏地穿梭。很少有哪种鱼类的游姿

可以与"黑魔鬼"相媲美，灵巧、美妙的身姿就像一支黑色的羽毛在风中舞动，这正是"黑魔鬼"吸引人的魅力所在。"黑魔鬼"的雌雄鉴别很难，它们属于卵生鱼类，繁殖十分困难，需要独特设计的水族箱以及苛刻的饲养环境下才能进行成功繁殖。

第三章
性情凶暴的电鲶

电鲶，原产地非洲刚果河，鲶科。圆筒形，尖头小眼，嘴部有三对须。全身粉红色，体裸露无鳞。当受到刺激时可瞬间发电。

凶猛的电鲶

　　电鲶为底层凶猛性鱼类。怕光，喜欢生活在江河近岸的石隙、深坑、树根底部的土洞或石洞里，以及流速缓慢的水域。在水库、池塘、湖泊、水堰的静水中，多伏于阴暗的底层或成片的水浮莲、水花生、水葫芦下面。春天开始活动、觅食。入冬后不食，潜伏在深水区或洞穴里过冬，如果没有什么东

西去打扰，它一般不游动。电鲶眼小，视力弱，昼伏夜出，全凭嗅觉和两对触须猎食，很贪食，天气越热，食量越大，阴天和夜间活动频繁。

电鲶性成熟早，一般一龄即成熟。产卵时成群追逐，和达尔文蛙相似，雄性电鲶也是把雌电鲶产的卵含在嘴里，以此孵出小电鲶。不同的是，雄电鲶在这段时期不能进食。幼鱼以浮游动物、软体动物为食，其中水生昆虫的幼虫和虾类是它们的美味佳肴。电鲶比较贪食，500克左右的幼鱼便大量吞

食鲫鱼、鲤鱼等，最大个体可达40千克以上。电鲶适宜生活在水温20℃～25℃的水域。

发电及发电原理

电鲶是一种能发电的鱼。电鲶生活于非洲的刚果河，它的长相和鲶鱼非常相似，口端长有3对须，没有背鳍，在尾的基部有一个很低而且平伸的脂鳍。电鲶有成对的发电器，位于背部的皮下，它的发电电压高达200伏，能将人和牲畜击昏。

当然，并不是所有的电鱼都能发出很强的电。海洋中还有

一些能发出较弱电流的鱼，它们的发电器官很小，电压最大也只有几伏，不能击死或击昏其他动物。但它们像精巧的水中雷达一样，可以用来探索环境和寻找食物。这些鱼身上布满了电感器官，它们能够接收返回来的电波。由于任何一种活动的生物都有或强或弱的生物电，这些鱼的电感受器能感受到非常微弱的电场变化。

鲨鱼对于电场的变化非常敏感，利用这一点，科学家们发明了"电子驱鲨器"，它发出的直流脉冲可以把鲨鱼驱赶到1～10米以外。潜水员背着这些仪器，在水下可以避免鲨鱼的

袭击。

电鲶可以预防地震。地震前的电流急剧变化刺激了鲶鱼的电感受器官，使它们感到惊恐不安，乱蹦乱跳，因此可以通过对鲶鱼的研究找到一种预报地震的新方法。

总之，鱼类的放电是它们在进化过程中所获得的一种防御和攻击敌害、捕捉食物的适应能力。如果人类能够应用仿生学，模拟电鱼的发电器官在海洋中发电，那么，就能很好地解决船舶和潜水艇的动力问题。

发电原理

电鲇发电器最主要的枢纽，是器官的神经部分。它能够随意放电，且放电时间和强度，完全能够自己掌握。电鲇靠发出的电流击毙水中的小鱼、虾及其他的小动物。放电是它的一种捕食和打击敌害的手段。

世界上有好多种电鲇，其发电能力各不相同。非洲电鲇一次发电的电压在200伏左右，中等大小的电鲇一次发电的电

压在70～80伏，像较小的南美电鲶一次只能发出37伏电压。由于电鲶会发电，人们把它叫做活的发电机、活电池、电鱼等。

水中高压电

电鲶特化的肌肉具有发电能力，受到刺激时，可瞬间发出200～450伏特的电力，虽然比发电王——电鳗稍微逊色，但是威力仍很惊人。电鲶喜好中性的软水，性情凶暴，同种间也会争斗。和其他鲶鱼一样，电鲶是夜行性的鱼种，白昼安静，但如果光线暗下来，就会变成出乎意料的"暴君"。

　　电鲶体长在自然界中可达70~90厘米，在水族箱中一般为30厘米左右。其有趣的脸孔，配着一双小眼，结合其独特的习性，显得魅力十足。

　　电鲶身体表面无鳞片，没有背鳞。电鲶的发电器官很特别，它是由体内许多电板组成的。这些电板分布在身体皮肤和肌肉之间，头部为正极，尾部为负极，电流流向是从头部流向尾部。当电鲶在水中活动时，身体的任何一部分触及到敌人或其他物体，马上会产生一种强大的电流，击倒对方。电鲶放出的电一般在200伏左右，最高电压为400多伏，有效范围的半径为6米左右。

　　电鲶放电的主要目的有两种，一种是为了捕获食物，以便

自己生存下去；另一种是为了防御敌人，保护自己。它的强大电流不仅能击死小的动物，甚至能击死比它大得多的水生动物，难怪人们称它为"水中高压电"。

走近电鲶

　　电鲶属鲶形目鲶亚目，与脂鲤、鲤和一些鲤科的小鱼有亲缘关系。有些鱼类学家认为它们可以归为同一骨鳔总目；有些鱼类学家认为它们应属于骨鳔目下面不同的亚目，鲶鱼属鲶亚目，脂鲤、鲤和鲤科小鲤鱼属于鲤亚目。电鲶的特点是嘴边有像猫的胡须一样的触须，起码在上颚上方有一对，有

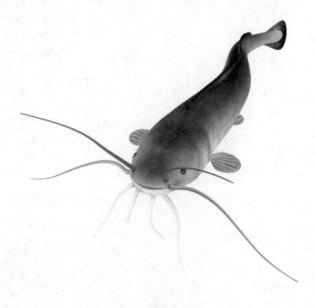

的嘴边还有一对，有的下颚还有一对。许多鲶鱼背上有脊骨，有胸鳍。它们的脊骨上可能有毒腺，被刺中会感到疼痛。所有的电鲶都没有鱼鳞，它们的表皮赤裸，或者覆盖着骨质的盾片。

电鲶趣闻

社会上流传着不少有关电鲶的趣闻。

伊朗国防工业组织的装甲工业集团就将自己生产的39倍口径155毫米加农榴弹炮命名为"电鲶-2"式自行加农榴弹炮。

该火炮已经批量生产，并已在伊朗陆军服役数年。

"电鲶-2"式自行加榴炮的主要部分为伊朗国产M185式39倍口径155毫米火炮。身管配有抽烟装置和炮口制退器，高低射界-3°~+75°，方向射界360°。乘员人数5人，驾驶员位于车体前部的左边，动力组件位于右边。车体和炮塔为焊接钢装甲，最大厚度20毫米。

最大射程要根据所发射弹药而定。发射制式M107榴弹的最大射程可以达到18千米，发射底排弹的最大射程可以达到24千米。最大射速为4发/分，可携带30发155毫米弹丸及其相关炸药。使用8号装药时，身管的最大寿命为5000发。该炮看上去和伊朗曾经大量使用过的美国联合防务公司的M109A2式155毫米自行加榴炮相似。

电鲶与仿生学

　　世界上最早、最简单的电池——伏打电池，就是19世纪初意大利物理学家伏打，根据电鲶和电鳗的电器官设计出来的。最初，伏打把一个铜片和一个锌片插在盐水中，制成了直流电池，但是这种电池产生的电流非常微弱。后来，他模仿电鲶的发电器官，把许多铜片、盐水浸泡过的纸片和锌片交替叠在一起，这才得到了功率比较大的直流电池。

　　研究电鲶还可以给人们带来很多好处。例如，一旦我们能成

功地模仿电鱼的电器官在海水中发出电来，那么船舶和潜水艇的动力问题便能得到很好的解决。

第四章
会发电的其他鱼类

　　鱼类的发放电行为和某些鸟类通过鸣叫求偶的原理是非常类似的，专门研究非洲电鱼生活习性的科学家如是说。就像放电象鼻鱼家族的其他成员一样，这种被观察的象鼻鱼会通过尾部的一个特殊器官制造弱电场，以此来吸引异性。先前的一系列研究发现雄性放电象鼻鱼会在进攻性行动中释放电流，但现在科学家们发现电流的应用远不仅仅如此。

凶猛的放电鱼——瞻星鱼

瞻星鱼，是一种极其凶猛的鱼，它常年生活在水底。它能把自身下嘴唇的奇特红色突起物，从嘴上超常地伸出去老远，其修长的身体形态，使得这种下唇突起物在海中沙底上的活

动姿态更像是一条蠕虫。而这"蠕虫"似的新鲜东西，则使许多馋嘴贪食的小鱼都成了这种凶猛鱼类的"盘中餐""口中食"。

瞻星鱼体略呈方形，稍侧扁。口大朝上。鱼体黄棕色，散布不规则的白斑。背鳍具黑斑，胸鳍大。与中华瞻星鱼相似，但后者前鳃盖骨下缘具4棘，前者为3棘。

瞻星鱼生活于200～300米深的海域，喜栖息于礁石外缘的沙地上。性凶猛，将鱼

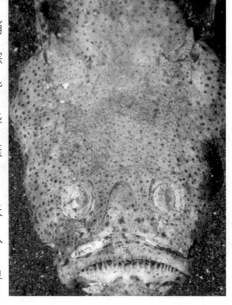

体埋于沙泥中，只露出大嘴与双眼，以口腔内的皮瓣引诱猎物上当，再伺机跃起捕食。肉食性，以小鱼及甲壳类为主。繁殖期长，产浮性卵，卵粒大。

　　瞻星鱼会将自己约46厘米长的身子埋在温暖海域的沙床之中，和周围的环境融为一体。接下来，瞻星鱼用胸鳍将沙子舀上来埋住它那位于头部顶端的扁平的脸，而它那两只突出的眼球则不停地搜索那些毫无防备的小鱼和小虾。此时，瞻星鱼的每只眼睛后边都有一个放电器官，它能发出高达50伏的电压，足以击晕靠它太近的大鱼。

关于象鼻鱼

象鼻鱼是一种能发电的鱼，多分布在非洲热带地区的河流或湖泊之中。它的嘴很长，头也特别大，约占体重的 $1/28 \sim 1/25$，这是任何其他低等脊椎动物所不及的。

象鼻鱼的发电器官长在尾端的两边。在安静状态时，象鼻鱼能发出低频率的电脉冲，如果有条象鼻鱼在附近时，它们发出的电脉冲能立即迅速地升高，达到一定程度时，双方的电脉冲又降低，逐步恢复到正常的低频状态。

象鼻鱼不仅能发电，更令人惊奇的是背上具有一个能接收电波的东西，好像雷达的天线一般。当象鼻鱼的吻部连同眼睛都钻入泥土中寻觅食物时，尾部的发电器就能向四周发射电脉冲。如果遇到敌害，则背部的电波接收器在接到电波的反射信号之后，就能立刻发出警告，象鼻鱼便可以逃之夭夭了。

靠放电追求异性

　　"放电"是人们在谈到男女间施展魅力时常常会用到的一个比喻，但最新的科学研究表明，在非洲生活的一种鱼类真的是通过释放一定强度的脉冲电流来博取异性的欢心。

　　这种特殊的放电行为和某些鸟类通过鸣叫求偶的原理是非常类似的，专门研究非洲电鱼生活习性的科学家如是说。

　　来自美国纽约州康奈尔大学的科学家卡尔·霍普金斯解释说："以前象鼻鱼的感情生活一直是个神秘的未知领域，现在我们

才发现放电在其求偶过程中的重要作用。"

霍普金斯博士进一步解释说："这种敏感而挑剔的鱼类很难在试验室条件下饲养，使其在人工条件下繁殖更是难上加难。而最头疼的问题是当它们互相释放电流时，由于电流交杂而很难测定究竟是谁向谁发射了电流。"

最终霍普金斯博士和研究生瑞恩·王解决了这些难题。他们设计了一个带有自动喷淋装置的饲养水箱，可以通过人工降雨模拟放电象鼻鱼在繁殖季节的气候条件。

　　科学家们通过使用一些专业的记录仪器和某些商用软件研究了放电象鼻鱼的电流信号强度和行为方式，其中最令人兴奋的发现是在放电象鼻鱼放电求偶的过程中存在雌鱼和雄鱼响应式放电的行为方式。

　　研究生瑞恩·王说："奇特的是雌鱼和雄鱼在交配仪式之前、之中和之后使用的电流强度和释放频率都不相同，这像是一首演绎鱼类爱情的'电流之歌'，虽然不能被听到，但却同样高潮迭起"。

鱼类的感觉与信号

　　这种放电象鼻鱼的电流并不像电鳗那样强大到可以用来击晕猎物。对于早期的生物学家（包括达尔文）来说，这些鱼类的放电能力究竟能做些什么一直没有很完善的表述。但现在科学家们发现这种鱼类的放电现象是建立在其高度灵敏的电流感觉力的基础之上，鱼类可以通过这种感知力导航和互相联络。

　　这种特殊的感官帮助放电象鼻鱼在非洲西部附近的洋流里

做洄游运动。科学家解释说，由于这种鱼一般在夜间活动，灵敏的电感能力使它们好像具备了一双"电眼"，可以在漆黑的环境里运动自如。

　　研究还显示，这样的放电鱼每一条都有独特的放电方式，像人类的指纹一样完全不重复。最新的研究结果进一步表明即使是同一条鱼，在不同的行为方式中释放的电流形式也不相同。在求偶、交配和产卵期所释放的电流在电压和电流强度上完全不同。

通过研究鱼类求偶期的放电行为可以帮助科学家更好地了解生物在进化过程中求偶行为的演进，最新的研究结果就显示了电信号在自然选择方面所发挥的作用。动物会通过对求偶信号的分析判断追求者是否是携带更好基因的异性中的佼佼者，只有高水准的异性才能发出高质量的信号。

生物无线电

人们利用电来进行空中通讯，是从电报开始的，至今仅有170多年的历史；但鱼用电来进行通讯，却已有千万年的历史了。更可贵的是鱼能在水中进行通讯，这是一个了不起的本领。虽说人类现代通讯本领已很高超，可以利用无线电波与地球上任何地方进行通讯，甚至还可以与月亮建立联系，但

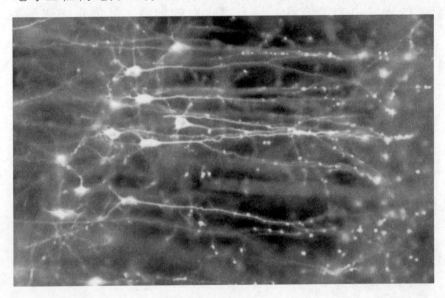

如果要与水下15米深的潜水艇进行通讯，则无线电波的发射功率就一定要在几兆瓦左右，并且潜艇还不能回答信号。随着潜水深度的增加，通讯也会变得越来越困难。但生活在海洋中的某些鱼类，却具有高超的水中通信本领。如一条一斤多重的青花鱼，就能用十分微小的功率与百米之外的同伴建立联系，甚至还能将有关的信号从水中发射到空中去。

这种非凡的本领，引起了人们的极大兴趣，近代，在研究鱼类利用电进行水下通讯的基础上，已经研制了一种水下电波发射机。这种新颖的发射机，据说输出100毫瓦的功率时，就能与250米远的目标建立联系。

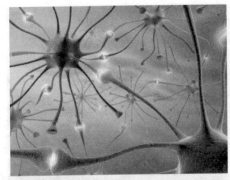

在研究利用生物电进行通讯的时候，生物无线电也是一个重要的研究课题。

我们知道，生物活动，不仅会产生生物电，更有趣的是还会向空中发射无线电波，如肌肉的活动就能产生无线电波的辐射。当人体在吸气时，胸部的肌肉就能产生辐射频率在1504千赫（有时能产生更高的频率）的无线电波。

试验还表明，人体中除头颅不能产生无线电波的辐射之外，其他任何地方的肌肉均能产生。更奇妙的是某些小肌肉，发射的电讯号特别显著，如人手中的小指肌肉，发射的无线电讯号最为强烈。

第五章
传说中的死亡毒虫

　　传说中的蒙古死亡蠕虫是一种巨大毒虫。据说它们居住在戈壁滩里。它听起来像是科幻小说中的角色，但人们曾多次遇到它，这为它确实存在的说法提供了支持。

　　人们认为这种虫有1.5米长，长得如牛肠一般。它们通常是红色，身体两端有时会探出犄角。这种蠕虫极为危险，它们喷射的致命毒液和释放的电流能击中数米之外的目标。

关于死亡之虫

沙漠搜寻

　　蒙古游牧部落中流传了数百年的怪兽传说激起了科学家和业余研究者的兴趣。人们展开了众多探险，他们终会在某次探险中收集到能够证明这种蠕虫存在的证据，这不过是个时间问题。

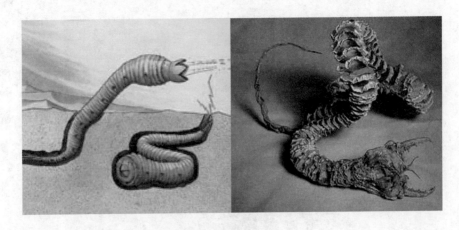

毒液致命

　　蒙古戈壁沙漠上流传着一个离奇的传说——在茫茫的戈壁沙丘中常有一种巨大的血红色虫子出没，它们形状十分怪异，会喷射出强腐蚀性的剧毒液体，此外，这些巨大的虫子还可从眼睛中放射出一股强电流，让数米之外的人或动物顷刻毙命，然后，将猎物慢慢地吞噬……大家把它称为"死亡之虫"。

伊凡·迈克勒是捷克共和国研究小组的负责人，他曾三次搜寻这种蠕虫。迈克勒在第二次探险中试图用高能炸药引诱蠕虫露出沙漠，但未能成功。2004年，他重返戈壁滩，这次他采用低飞技术来拍摄广袤的沙漠。但在这次探险中，他未能用相机捕获到蠕虫的任何踪影。

究竟死亡之虫只是一个富有神秘色彩的蒙古传说，还是活生生的荒凉戈壁沙漠中怪异的生物？英国探险队也踏上了寻找它的征程……

戈壁杀机

当人们第一次听到蒙古传说中的"死亡之虫"时，会认为

这只是一个杜撰的玩笑而已，它就如同科幻电影和连环漫画中的怪异大虫一样。

但是，"死亡之虫"却似乎并不是一个荒诞的传说，许多目击者对它的描述都惊人地一致：它生活在戈壁沙漠的沙丘之下，长1.5米左右，通体红色，身上有暗斑，头部和尾部呈穗状，头部器官模糊。

蒙古当地将"死亡之虫"命名为"allghoi khorkhoi"。由于这种恐怖的虫子从外形上很像寄居在牛肠子中的虫子，也被称为肠虫。据目击者称，每当"死亡之虫"出现，将意味着死亡和危险，因为它不但会喷射出致命毒液，还可从眼睛放射出强电流杀死数米之外的猎物，而能够侥幸存活下来的人们已是不幸中的万幸了。

英文资料中第一次提及"死亡之虫"是在1926年，美国教授罗伊·查普曼·安德鲁斯在《追寻古人》一书中描述了"死亡之虫"，但是他还不能完全确信依据蒙古官员们描述的这种沙漠怪物的存在。

他在书中写到："尽管现在的人们很少见到'死亡之虫'，但是当地蒙古人对'死亡之虫'的存在表现得非常坚定，而且那些目击者的描述也惊人的相似。"

三度探险

捷克探险家伊凡·麦克勒是探寻"死亡之虫"的权威专家，他早在1990年和1992年分别两次来到蒙古寻找"死亡之虫"的踪迹，尽管前两次探险并未达到自己的预期目标，但是他已被"死亡之虫"的神秘感深深吸引。

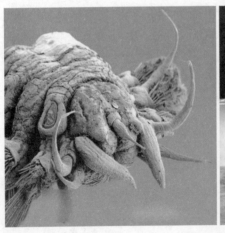
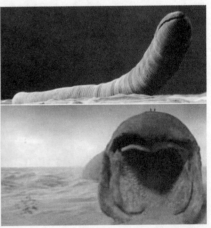

　　2004年夏天，麦克勒再次来到蒙古以实现自己的探险心愿，这次他是有备而来。他的计划是乘坐超轻型飞机低空飞行在蒙古戈壁，进而有效地扩大探索范围。他希望通过这种方法发现躺在沙丘上晒太阳的"死亡之虫"，将"死亡之虫"具体的生活习性和特点记录下来，填补蒙古当地人有关"死亡之虫"不详实的资料。

　　依据前两次探险经验，麦克勒编写了一份具有实用价值的"情报资料"。这份资料也成了此后陆续前来探索"死亡之虫"的科学家和猎人们的必读材料。

　　麦克勒在这份资料中指出，外形像香肠的"死亡之虫"体长为1.5米，如同男性胳膊一般粗细，类似于牛体内的肠虫。它的尾端很短，就像是被刀切断一样，尾端不是锥形。由于"死亡之虫"的眼睛、鼻孔和嘴的形状很模糊，让目击者乍一看无法具体辨识其头部和尾部。它整体呈暗红色，与血液、意大利腊肠的颜色十分接近。"死亡之虫"的爬行方式十分古怪，它要么向前滚动着身体，要么将身体倾向一侧蠕动前进。

"死亡之虫"生活在荒无人烟的沙丘之下或炎热的戈壁山谷之中，通常目击者看到"死亡之虫"都是在每年天气最炎热的6月和7月。其他的时间它会钻进沙丘中过着冬眠般的生活，除非戈壁沙漠喜逢降雨，"死亡之虫"会钻出沙丘沐浴戈壁难得的清新湿润。

探寻之旅

英国探险家亚当·戴维斯组建了一支探险队，不远万里从

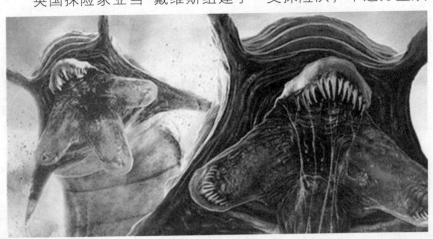

英国来到蒙古的茫茫戈壁，探寻"死亡之虫"的踪迹。据了解，戴维斯一生中最大喜好就是探索地球神秘区域，他曾经组建探险队前往印尼的苏门答腊岛和刚果。

戴维斯说："最初我是从互联网上了解到'死亡之虫'的相关信息。在互联网上有许多关于蒙古'死亡之虫'的故事。多年以来，生活在当地的牧民谈虫色变，他们拒绝谈论'死亡之虫'，它实在是太可怕了！"

戴维斯此次探测得到好友安迪·安德森和当地蒙古向导的帮助，他们探险征程上第一个露营地是戈壁上的一处破旧寺庙。在捷克探险家麦克勒1990年第一次探险时，这处寺庙还有许多僧侣，也许麦克勒对"死亡之虫"的印象多数是从僧侣口中得到的信息，而如今这里却变成了一片残垣断壁。

神秘的死亡之虫

沿途中戴维斯一路向牧民们问询有关"死亡之虫"的事情。尽管许多牧民表示曾看到过它，但无法为探险队提供"死亡之虫"详实的生活习性和出没地点。

在探险路途中，首次让探险队看到希望的是戈壁国家公园。在一位向导的解说下，他们在博物馆内看到"死亡之虫"的雕刻展示物，还有当地雪豹、野生白山羊。向导还表示：神秘的"死亡之虫"是博物馆的骄傲和游客关注的亮点。同时，热情的向导还告诉他们，30千米外的一位老者多年以来一直潜心研究"死亡之虫"，或许从老者那里可了解更多的信息。

在那位老者的蒙古帐篷里，他在探险队的地图上指出"死亡之虫"经常出没的地点，这些通常是地势险要的地区。他还告诉戴维斯，"死亡之虫"一般在6~7月份出现，还有每当降雨之后，Goyo草（蒙古戈壁开着小黄花的植物）绽放花朵

时，"死亡之虫"就会钻出沙子。此外，他还指出，在一个死亡之虫时常出现的戈壁山谷中，还生活着带有剧毒的蜘蛛和毒蛇，它们从不畏惧人类的出现，还会向入侵自己领地的人类发动致命攻击。

在接下来的几天中，探险队来到一个据称从未有外国探险家到达的区域。那里的一位青年人称，3年前在一口井附近曾看到过"死亡之虫"，而且村里的居民经常看到它的踪迹。在途中戴维斯接触到一位男子，他向探险队表示自己曾无意碰到过"死亡之虫"，可怕的"死亡之虫"喷射的毒液将自己的手臂烧伤。当他忍着疼痛将"死亡之虫"放在冷却的安全气袋，"死亡之虫"却喷出绿色腐蚀性毒液从气袋中逃脱。

依据探寻途中获得的信息和资料，戴维斯一行决定自己碰碰运气寻找"死亡之虫"的踪迹。他们在三个据称"死亡之虫"时常出没的地点"安营扎寨"，并决定在每天不同的时间

段搜寻"死亡之虫"。他们凌晨搜寻两个小时、早餐后和午餐后各进行两小时，在傍晚他们也四处搜索"死亡之虫"。但是一天天过去了，每天搜索六七个小时，他们却仍未寻找到它的踪迹。

戴维斯此次探险之旅，虽然未亲眼目睹"死亡之虫"，但他仍对"死亡之虫"的故事充满信心。他称："如果不是'死亡之虫'的故事流传如此广泛，每一位目击者对它的描述如此一致，人们都会将它作为一个离奇的传说。"但事实证明，英国这支探险队已被蒙古神秘戈壁所深深吸引，戴维斯表示今后他将组织第二次探险，揭开"死亡之虫"的神秘面纱。

第六章
带电的植物

　　植物产生电流的原因很多，但大多是在生理活动的过程中产生的。例如在根部，电流可以从一个部位向另一部位周转。引起电流流动的原因是根细胞对于矿物质元素的吸收和分布不平衡的关系。假如把豆苗的根培植在氯化钾溶液中，氯化钾的离子就进入根内，钾在根内向尖端细胞集中，由此产生上部的细胞内阴离子的浓度高，而根尖阳离子多，结果，电流就向阳极移动。

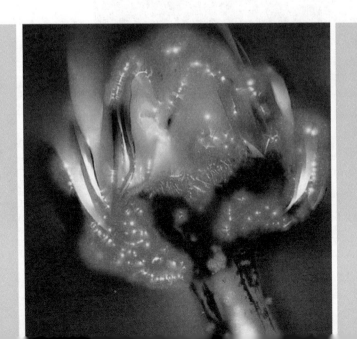

植物也有带电的

电生理学的研究

植物和动物都是生物。生物体内的生命活动，有些会产生电场和电流，叫作生物电。植物体内的电都很微弱，不用很精密的仪器是难以察觉的。但微弱不等于没有。

那么，植物体内的电是怎样产生的呢？植物产生电流的原因很多，大多是在生理活动的过程中产生的，例如在根部，电流可以从一个部位向另一部位周转。引起电流流动的原因是根细胞对于矿物质元素的吸收和分布不平衡的关系。

假如把豆苗的根培植在氯化钾溶液中，氯化钾的离子就进入根内，钾在根内向尖端细胞集中，由此产生上部的细胞内阴离子的浓度高，而根尖阳离子多，结果，电流就向阳极移动。但这种电流的强度很小，据计算，需要1000亿条这种根发的电，才可以点亮一盏100瓦的灯泡。所以，有的人把这种根的发电，比作一台微型发电机。

由于科学技术的不断发展，今天，科学家已把生物电作为一项专门的科学来研究了。这门新学科叫电生理学。

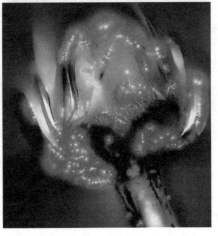

植物生电的原因

植物能生电的原因是多方面的：植物的根细胞吸收大量的矿物质元素，当这些元素的离子分布不平衡时，就会引起植物带电；植物在进行光合作用的过程中，把水分子分解成氢和氧，在一定时期内，氢还能形成带阳电和带阴电的粒子，也会使植物带电。一般情况下，大气带阳电，大地带阴电，植物与大地相连，于是，植物便成了特殊的天线，从空气中收集到无数的带电粒子，造成植物

带电。

如果，有意识地对植物进行通电，那会发生什么情况呢？有人经过试验发现，在电的作用下，植物体内有机物质的分子和水分会发生电化学反应，使之成为

高能量的游离分子和离子，产生化学性能非常活泼的功能基因，这就加速了植物体内的生物化学反应，增强了植物的新陈代谢并表现出明显的增产趋势。有人对黄瓜的植株施加90伏电压后，黄瓜产量增加3倍；对燕麦施加90伏电压后，麦穗重量比未施电时增加40%。植物能与外界电流相呼应，这说明植物本身就带电，这就是人们常说的"生物电"。

近年来，美国采用电技术诊断树木和农作物病害取得了成果。这种电阻探测法，是把针管状电极插入植物体，立即反应出不同的电阻形式，根据电阻的相应变化情况，可以诊断出病害的种类，病变部位和感染程度。

当导线通过超频电流时，导线周围放射极强的能量，具有

强烈的杀菌作用。用超频电场处理种子，灭菌效果又快又好。据记载，国外实验表明，用直流电场处理过的小麦种子，散黑穗的发病率几乎为零，产量可增加10%。

放电树

在印度，有一种非常奇特的树。如果人们不小心碰到它的枝条，立刻就会产生像触电一样的难受感觉。原来，这种树有发电和蓄电的本领。它的蓄电量还会随着时间的不同而发生变化——中午带的电量最多，午夜带的电量最少。有人推测，这可能与太阳光的照射有关。这种"电树"引起一些植物学家和生物学家的注意。如果它发电和蓄电的秘密被揭开的话，也许我们可以按照它的发电原理，制造出一种新型的发电机来。

早在1918年，英国有一名钟表匠托尼·埃希尔曾

异想天开地做了这样一个实验：先把两个电极插入一个柠檬，一边是铜钱，一边用锌线，然后把柠檬与一个小型钟表上的电动机和电路相连接。有趣的事情发生了：钟表的指针开始走动，就像接通了电源一样。令人难以置信的是，这个小小的柠檬竟使这只表一直走了5个月之久。这个实验向人们证实：植物中蕴藏着相当大的能量，可以用来发电。这一发现，无异给正在千方百计寻找新能源的科学界注入了兴奋剂，许多科学家从中受到启发和鼓舞，专心致志地投入这项有意义的研究中。

虽然对植物发电的研究面临很多困难，但人们并没因此而放弃它。首先，植物作为能源是取之不尽的；其次，它比光能电池有更明显的优越性，在能源缺乏的今天，植物发电具有广阔的前景。

放电的原因

印度森林里的这种树叫作电树，这种树为什么在早上和下午有阳光照射的时候产生的电流多，而到晚上没有阳光照射的时候产生的电流少呢？研究者推测，一种原因是电树的体内有硅元素，硅元素在它的体内形成太阳能硅电池的形式，

所以被阳光照射的
时候会像太阳能电
池一样产生电流。
另一种解释是这种
树有发电和蓄电的
本领，它的蓄电量
还会随着时间的变
化而变化，中午带
的电量最多，午夜

带的电量最少。但无论哪种推测，电树带电都与太阳光的照
射有关。

相关研究

为了解频率对高密度聚乙烯薄膜的电树老化特性的影响，
在50赫兹～90千赫兹较宽频率范围的交流电压作用下，研究
了冰水淬火高密度聚乙烯薄膜的电树老化特性。结果表明，
频率对电树起始形态具有重要的影响；随着电压频率的升高，
树枝型电树的起始几率逐渐降低，丛状型电树的起始几率逐
渐升高，电树逐渐由树枝型起始为主向丛状型起始为主转变，

树干型和直击型为高频下所特有的电树起始形态。随着电树的生长，电树形态存在转换的可能。低频下，起始占主导的树枝型电树向丛状和树干型转变；高频下，起始占主导的丛状型电树则极易转变为树干型和击穿型，导致绝缘的破坏。电树的发展可分为起始、滞长、生长和击穿期4个阶段。频率的提高加快了电树的发展速度且缩短了电树的发展阶段，使发生击穿的几率大为增加。

电树试验在室温下进行。将试品用2块玻璃片固定放入试验平台，针尖距离地电极水平距离约为（1±011）毫米，试品浸入硅油防止发生沿面放电和闪络。使用数字显微图像系统观测和记录电树老化过程。在试品上施加有效值5千伏，频率为0.05、0.4、5、10、30、50、70和90千赫的交流电压，电

压波形为标准正弦波。观测电树生长1小时后停止加压（如电树发生击穿，则立即停止加压）。在同等条件且每个电压频率下测量20次，得到统计结果。

电树枝在起始过程中表现出不同的形态特征，指出不同起始形态的电树对应的起树电压有所不同，且各种起始形态的形成机理也不同。因此，研究频率对电树起始形态的影响有助于不同频率下电树起始机理的分析。通过试验观测和记录，在50赫兹到90千赫兹频率范围内电树的起始形态主要有树枝、丛状、树干和直击型4类，树枝型和丛状型电树较为常见；树干型和直击型则是高频下所出现的特殊电树起始形态，二者一旦起始即快速发展，对绝缘材料的破坏程度明显高于树枝和丛状型电树频率对各种电树起始形态出现几率的影响。当电压频率为50～400赫兹时，树枝型电树占主导地位；频率<5千赫兹时，开始出现树干和丛状型电树；频率>50千赫时，则出现直击型电树。随着电压频率的升高，树枝型电树的起始几率逐渐降低，丛状型的起始几率逐渐升高，即随着电压频率的提高，电树逐渐由树枝型起始为主向丛状型起始为主转变。随着施加电压频率的升高，丛状型约70%转换成树干型和击穿型，造成绝缘的击穿破坏。所以施加电压频率的升高加快了丛状型电树的发展且易造成绝缘破坏。电树生长过程中的形态转换规律可见，不同的电树形态对绝缘带来的危害不同，在评估绝缘老化时应区别对待。树枝型电树在工频

（50赫兹）下较常见，但在实验中并未发现从树枝型直接击穿的例子。而丛状型和树干型电树一旦发生，就会对绝缘造成很大的影响，易引起击穿。这是由于高频时增加了材料的极化和热损耗，导致材料内部绝缘性能下降，电树形态变化几率大大增加。在1小时加压时间内，多数从树枝型或丛状型起始的电树都转换为树干型或击穿型，表明树干型或击穿型是电树发展到后期的形态。对比低频下多为树枝型的简单电树，反映了高频对电树老化的加速作用。

频率对电树生长的影响

电树的发展过程可分为起始、滞长、生长和击穿期4个阶段。起始期为电树从起始开始到生长速度第一次停滞的阶段，在此阶段内电树发展速度较快，决定了电树的起始形态特征；然后是滞长期，此阶段内电树枝条的长度不再增加，其中有一部分树枝存在逐渐变粗的现象，此时期内电树生长活动缓慢或停滞；在滞长期结束后，电树枝又重新以较快速度发展，称为生长期；最后是电树老化导致绝缘击穿的过程，称为击穿期。

有些电树在发展过程中不止存在一个滞长期和生长期。在生长期之后，电树可能进入另一滞长期，从而实现"滞长—生长—滞长—生长"的阶段性交替发展过程。击穿期也并不总由生长期导致，同样存在起始期直接导致击穿或在滞长期突然击穿的现象。不同电压频率下电树的生长过程呈现不同的特点。通过选择各个频率下的不同电树过程的中值生长曲线，可得到不同频率下电树生长的对比。50赫兹时电树发展缓慢；400赫兹时电树多为树枝状，生长最为稳定且速度也最快；在50赫兹～1千赫兹时随频率增大电树生长速度加快。10千赫兹和30千赫兹时丛状型电树大量出现，由于丛林状电树生

长速度慢，所以总的生长速度与400赫兹时比较已降低了。而
更高频率时电树的主要形态已是击穿型，且频率越高，击
穿速度也越快。

　　从电树发展的4个阶段看，50赫兹下1小时内一般仅从起
始阶段发展到滞长阶段，400赫兹下相当比例的电树则在1小
时内从滞长期发展到生长期。高频下发展到击穿期的比例越
来越高。因此，增加频率可加快电树的阶段性发展过程。